七个世界　一个星球

SEVEN WORLDS ONE PLANET

展现七大洲生动的生命图景

南 美 洲

[英]丽莎·里根/文　孙晓颖/译

科学普及出版社
·北 京·

野生奇境

南美洲有着雄伟的山脉以及壮阔的河流与瀑布，其面积在七大洲中位居第四，人口数量位居第五。虽然面积相对较小，但南美洲是动植物的宝库，以仅占地球陆地总面积 12% 的土地，为地球上 40% 的物种提供了家园。仅亚马孙雨林就有 200 多万种生物，比其他任何一个大洲的物种都要多。

● 国家总数：12 个　● 面积最大的国家：巴西　● 面积最小的国家：苏里南

巴西大约占南美洲面积的**一半**，是世界上面积第五大的国家。

潘塔纳尔湿地是**世界上面积最大的热带湿地**，生活着4 700多个物种，包括凯门鳄、水豚和美洲豹。

阿空加瓜山是南美洲**最高峰**，也是亚洲之外最高的山峰。

阿塔卡马沙漠极度干燥，被称为世界"旱极"。

南美洲有**世界上落差最大的瀑布**：委内瑞拉境内的安赫尔瀑布。

赤道经过**三个**南美洲国家：厄瓜多尔、哥伦比亚和巴西。

非凡亚马孙

亚马孙河波澜壮阔、震撼人心，其流量世界第一，比排名其后的七大河流的总和还多。亚马孙河也是世界上流域最广的河，流经六个国家。亚马孙河流域的亚马孙雨林是世界上最大的雨林，全年炎热多雨。

3

● **最长的河流**：亚马孙河　● **储水量最大的湖泊**：的的喀喀湖（位于玻利维亚和秘鲁两国交界处）

南美洲概览

　　南美洲北部跨越赤道，最南端为合恩角——大西洋和太平洋分界处。除南极洲以外，南美洲是向南延伸最远的大洲。广阔的土地跨越热带、温带和寒带，使这片大陆囊括多项世界之最，并为多种多样的动物提供了家园。南美洲北部大部分地区被热带雨林覆盖，西部则被安第斯山脉占据。

安第斯山脉是世界上最长的山脉，南北贯穿整个南美大陆。

自有气象记录以来，阿塔卡马沙漠的部分地区从未有过降雨。

南美洲古老的平顶山被称作特普伊（tepuis）。很多平顶山都有壮观的瀑布从山顶倾泻而下。

水的世界

　　南美洲有三条主要河流。亚马孙河自然独领风骚，但巴拉那河以及北部的奥里诺科河也同样流经大片土地，为数以百万计的昆虫、鸟类、鱼类和哺乳动物提供了家园。南美洲只有两个国家（玻利维亚和巴拉圭）没有海岸线，其余国家都濒临大西洋或太平洋。

安第斯山脉有许多**冰河**——冰块缓慢流动的冰冻河流。

南美洲西海岸**火山**众多且**地震频发**，因为那里地处太平洋边缘的"环太平洋火山带"。

智利境内的**巴伊亚 – 菲利克斯**可能是世界上最潮湿的地方，平均每年 325 天有降雨。

山地猎手

美洲狮是安第斯山脉多岩石的山区地带最大的捕食者。它们是身形优美的野生猫科动物。美洲狮独自捕猎，可以大范围搜寻猎物。它们的听觉极其灵敏，夜视能力也很强，经常在黄昏和黎明时分捕猎，能捕食比自己大得多的动物。

美洲狮宝宝很小的时候，毛皮上长着斑点。

扫码看视频

Puma 和 cougar 都指美洲狮吗？

是的，它们是同一种动物在英语中的两种不同称呼。此外，mountain lion 和 panther 也指美洲狮。

美洲狮会吼叫吗？

美洲狮不会吼叫，而是会发出低吼声、嘶嘶声、口哨声、尖叫声、吱吱声和咕噜声。它们还会通过在树木和岩石上蹭或者撒尿来留下气味痕迹，以此和同类交流。

美洲狮一窝产几只幼崽？

美洲狮一窝通常产二到三只幼崽，有时也可多达六只。

美洲狮

学名：*Puma concolor*

分布：从加拿大到南美洲

食物：鹿、原驼、小型哺乳动物

受到的威胁：栖息地丧失、农业、偷猎、疾病

受胁等级*：大部分地区无危

特征：圆脸，有一对竖起的大耳朵；毛皮呈沙色或棕褐色，胸部和下颌处毛色较浅；尾巴很长，末梢通常是黑色的，行走时低垂于地面。苗条纤细而又肌肉发达的身体善于奔跑、跳跃和捕猎。

* 关于受胁等级的说明，请参阅第 45 页。

美洲狮是地球上栖息地最靠南的猫科动物。

尽管属于无危级别, 但美洲狮在一些地区仍然面临威胁。目前, 在智利南部, 它们是受保护的动物。

在某些地形环境中, 美洲狮浅棕色的毛皮可以起到一定的掩护作用, 但在白雪皑皑的安第斯山脉, 其毛皮的颜色显然毫无用处。

野生猫科动物图鉴

南美洲是大大小小各种野生猫科动物的家园。其中最大的是美洲豹，它们身上长着独特的斑点。第二大的是美洲狮，它们分布于整个南美洲以及北美洲中部和南部。其他的南美洲野生猫科动物体形都小得多，并且毛皮上都有美丽的斑纹，只有细腰猫例外。

美洲豹

大而强壮的美洲豹是出色的游泳健将，经常在水中捕猎。它们吃鱼、龟鳖类，甚至凯门鳄，也吃猴子、鹿、水豚和鸟。

细腰猫

这种灰色或红棕色的动物也被称作"水獭"猫，因为它们身形长而纤细，并且会游泳。

乔氏虎猫

乔氏虎猫生活在南美大陆的南半部，是体形最小的野生猫科动物之一，和宠物猫差不多大。

长尾虎猫

长尾虎猫长着柔软浓密的斑点毛皮和长长的尾巴。它们夜晚独自捕猎，白天待在树上。

小斑虎猫

小斑虎猫有时也被称作小虎猫，外形与长尾虎猫或虎猫相似，但体形更小。

虎猫

虎猫长着美丽的斑纹，体形大约是宠物猫的两倍。它们夜晚捕猎，白天会很好地隐藏自己。

美洲狮

美洲狮是强悍的猎手，它们会跟踪猎物，然后从猎物背后将其扑杀。它们能跳跃到超过5.5米的高度，以便爬上岩石或树枝。

猫科动物的舌头是粗糙的，便于喝水和梳理毛发。

认识猫科动物

　　所有的猫都属于猫科动物。从体形最大的老虎、狮子到家养的宠物猫，猫科包括 30 多个种。猫科分为不同的属：豹属昵称"大猫"，会吼叫（雪豹除外）；而南美洲很多体形较小的猫科动物则属于虎猫属。

主要特征

　　猫科动物是食肉哺乳动物。它们吃肉，并用乳汁哺育幼崽。总的来说，它们毛短、尾巴长；四足都长有锋利的趾甲，趾甲通常会缩进去，以防受伤；它们长着圆脸、短鼻子、小型或中等大小的三角形耳朵；它们的牙齿结实而锋利，便于捕捉猎物。

完美父母

这些体形很小、五颜六色的网纹箭毒蛙能够得心应手地在险象环生的环境中养育自己的孩子。小蝌蚪们是捕食者眼中的美味佳肴，但箭毒蛙爸爸和箭毒蛙妈妈会密切协作，共同守护孩子们的安全，并为它们创造最佳生存机会。雌蛙一次通常产七枚卵，其中二到四枚能长成幼蛙，这一存活率高于其他很多蛙类。

下雨的时候，凤梨科植物上会有积水。

它们叫什么？

它们叫网纹箭毒蛙。与亚马孙雨林中其他外形相似的蛙类相比，它们的毒性较弱，不过它们也会用自己同样亮丽的颜色来警告捕食者远离。

它们的毒液能置人于死地吗？

不能。它们的毒液没有那么强的毒性，并且这种蛙只有拇指大小，体内毒液的量也不足以致命。

它们在哪里生活？

和其他蛙类一样，它们也是卵生的，受精卵会发育成小蝌蚪。蝌蚪在小水洼里孵化——那些在凤梨科植物中央的小蝌蚪就是如此。长成青蛙后，它们在叶子、树枝、原木和岩石上生活。

它们如何保护小蝌蚪？

箭毒蛙爸爸会一只一只地把小蝌蚪分别放入不同的水洼，让它们单独成长，以获得更多的存活机会。当蚊子幼虫等天然的食物被吃光后，箭毒蛙妈妈会来帮忙解决燃眉之急——她把自己未受精的卵细胞产在水中，供小蝌蚪食用。

箭毒蛙父母会照顾小蝌蚪六个星期。

扫码看视频

网纹箭毒蛙

学名： *Ranitomeya imitator*

分布： 亚马孙盆地

食物： 昆虫

受到的威胁： 农业、伐木、宠物走私

受胁等级： 无危

13

这只5厘米长的金色箭毒蛙被认为是地球上毒性最强的动物之一，其毒液足以杀死十个成年人。

这些箭毒蛙的毒液储存在皮肤下的腺体中。

体形虽小，却可致命

亚马孙雨林中生活着各种各样的箭毒蛙，有些体形微小，还有一些长得略大，能长到 6 厘米长。箭毒蛙的名字来源于美洲印第安猎人对毒液的用法，他们把蛙的毒液涂抹在飞镖尖上，以便捕猎。

毒从口入

研究箭毒蛙的科学家们认为，箭毒蛙的毒液源自它们吃的有毒昆虫，而有毒昆虫的毒素可能也源自它们吃的植物。任何试图捕食这些箭毒蛙（或被蛙毒飞镖射中）的生物都会出现恶心、皮肤肿胀、神经麻痹等症状，甚至死亡。

大海与海岸

　　来认识一下洪堡企鹅吧！洪堡企鹅是栖息在南美洲海岸的众多海鸟之一。对它们来说，海里有美味的鱼可以享用，而岩石峭壁可供筑巢和繁殖。这里堆积的海鸟粪有 1 米多厚，洪堡企鹅在松软的海鸟粪上挖洞产卵。

洪堡企鹅

学名： *Spheniscus humboldti*

分布： 智利、秘鲁

食物： 鱼类

天敌： 豹形海豹、海狗、海狮、鲨鱼、虎鲸，以及陆地上的狐狸、蛇和啮齿动物

受到的威胁： 捕鱼、污染、偷猎、疾病、气候变化

受胁等级： 易危

企鹅父母一起照顾两只毛茸茸的雏鸟。

它们为什么喜欢在海鸟粪中筑巢？

　　在厚厚的海鸟粪中挖洞可以保护它们的蛋，以免遭受猛禽侵袭。

它们多久繁殖一次？

　　它们通常一年产两次蛋。但有些时候，由于厄尔尼诺现象引起海水升温，鱼群去往更冷、更深的水域，致使这些企鹅缺少食物，无法喂养雏鸟，它们便不会繁殖。

你知道吗?

● 在繁殖期，洪堡企鹅上岸哺育幼崽，而同时上岸的还有成百上千头大**海狮**。

● 洪堡企鹅必须返回海里觅食，这就意味着它们得先踩在海狮的背上**"冲浪"**。这无疑是一场冒险之旅！看海狮们那有力的下颌、危险的牙齿……被咬上一口可不是闹着玩的！

● 填饱肚子之后，企鹅们还得原路返回……这又是一段惊险的旅程！

扫码看视频

参差不齐

从生活在新西兰的娇小的小蓝企鹅，到生活在南极洲身高大约 1.2 米的帝企鹅，不同种类的企鹅体形各异。洪堡企鹅身材中等，身高在 70 厘米左右。

企鹅划动一对鳍状的翅膀，在水中前行。

企鹅能娴熟地潜水和游泳，它们身上的黑白两色在水中可以起到伪装作用。

雏鸟的特征

和成年企鹅一样，企鹅雏鸟的大小和样貌也各不相同。王企鹅雏鸟是棕色的大块头；帝企鹅雏鸟也是大块头，但身体呈独特的灰色，头部则呈黑白两色。南美洲的企鹅体形较小，它们的雏鸟也比较小，毛色从灰色到棕色都有。雏鸟长大后，它们身上蓬松的羽毛就会脱落。

企鹅图鉴

关于究竟有多少种企鹅，科学家们一直争论不休，但目前得到确认的有 18 种。其中，有一些企鹅每年至少有一段时间会在南美洲安家。所有企鹅都不会飞，它们的翅膀被鳍状肢取代。它们可以直立着身体，在地面上一蹦一跳或者摇摇摆摆地走路，而那些生活在冰天雪地中的企鹅还可以用它们的腹部四处滑行。

凤头黄眉企鹅

体形中等，两只眼睛上方各有一簇尖尖的黄色羽毛。这种企鹅走起路来不是摇摇摆摆的，而是蹦蹦跳跳的。

麦氏环企鹅

一种中等体形的企鹅，头部和上半身有宽宽的白色条纹。它们大部分时间生活在海里，但会在阿根廷和智利上岸交配、繁殖。

加岛环企鹅

唯一一种生活在赤道以北的企鹅，数量日渐稀少。据说它们比其他种类的企鹅安静得多。

巴布亚企鹅

生活在智利以及南大西洋的一些岛屿上，长着橘红色的喙，尾羽比其他任何一种企鹅都要长。

王企鹅

体形第二大的企鹅。胸腹部是白色的，头部和翅膀是黑色的，头部和颈部有亮眼的橘黄色斑块。

马可罗尼企鹅

生活在南美洲南端，头顶长着头冠似的金色羽毛，是所有种类的企鹅中数量最多的。

帽带企鹅

这种争强好斗的小企鹅生活在南美洲和南极洲之间的岛屿上。

长鬃毛的猴子

这种体形娇小、头上顶着一簇白色鬃毛的动物是棉顶猬，是生活在中美洲和南美洲的一种猴子。棉顶猬正在受到生存威胁，它们栖息的森林也同样如此。

棉顶猬的尾巴特别长。

白天，棉顶猬很活跃，在雨林中较矮的树丛间四处穿梭。

棉顶狷是世界上体形最小、最珍稀的灵长目动物之一。

棉顶狨

学名：*Saguinus oedipus*

分布：哥伦比亚

食物：昆虫、水果、花蜜、树液、小型爬行动物和蛙类

天敌：蛇、猛禽、虎猫和长尾虎猫

受到的威胁：走私（宠物贸易）、森林砍伐

受胁等级：极危

特征：这种狨的脸是黑色的，脸上的毛非常纤细，身上则混合了灰色、棕色和白色的毛。它们小巧的手掌上除了一根拇指还有四根指头，指尖上长着尖尖的指甲。它们相互梳理毛发，使身体保持柔软干净。

它们最喜欢吃什么？

棉顶狨的食物中几乎有一半是水果，而果核也会随着它们的移动被散播到各处，因此它们对于森林生态系统极其重要。它们也喝树分泌的含糖汁液，这种黏稠的物质会吸引昆虫，而它们也吃昆虫。

它们的尾巴是卷尾吗？

卷尾是指能卷曲缠绕、缠住树枝的尾巴。它们的尾巴不是卷尾，它们也没有对生拇指（对生拇指可以移动并触碰到其余手指，使抓握更容易）。

它们的个头有多大？

它们的个头和松鼠差不多大。雄性和雌性体形差不多。

它们在哪儿睡觉？

它们几乎所有的时间都待在树上，当然也在树上睡觉。它们白天要睡很长时间，而夜里则会到自己最喜欢的一棵"睡觉"树上躲避天敌。

科学家们已经识别出大约 38 种含义不同的狷的叫声。

树栖生活

　　棉顶狷是群居动物，狷群内部的关系十分紧密。如果发现来自捕食者的威胁，它们就会用警示的叫声相互提醒。它们会发出尖叫声、口哨声和唧唧声，不仅能提醒同伴附近有危险，还能指明是什么动物。

这条鱼必须准确判断要跳的高度，这样才不会错过目标。

扫码看视频

窥探美味

　　亚马孙河里的水可能有些浑浊，但南美洲其他地方不乏晶莹清澈的水域，其中有一处是希氏石脂鲤的家园。这种鱼正是依靠水的清澈来觅食的。它们可以清楚地看到水面上方，并跟着那些以水果为食的黑帽悬猴找到成熟的果子。一旦发现目标，希氏石脂鲤就会跃出水面，跳起近1米高，一口咬住浆果，然后落回水中，享用美味。

和谐共生

　　希氏石脂鲤还受益于黑帽悬猴邋遢的进食方式。黑帽悬猴遗落的大量果实掉入水中，希氏石脂鲤不费吹灰之力就能吃到，而省下的力气等到猴子们离开后，再用来跃出水面觅食。

特征：黑帽悬猴体形中等，长臂长腿。它们的尾巴是卷尾，可用来缠住树枝，不用的时候紧紧卷成螺旋状。它们的毛皮是棕色的，但有时接近黄色；头、脸颊、脚和尾巴的毛色较深。它们群居生活，一个猴群有 8 ~ 14 只猴子，大部分时间待在树上。

黑帽悬猴尽力不让自己离水面太近。

它们担心水里可能潜藏着巨大的水蚺。

会有一只猴子在树上站岗放哨，观察敌情。

如果发现天敌，它就会大声警告同伴。

黑帽悬猴

学名： *Sapajus apella*

分布： 巴西

食物： 水果、种子、昆虫、蛙类、鸟类、蝙蝠

天敌： 美洲角雕、蛇、鳄鱼、美洲豹

受到的威胁： 以食物和宠物贸易为目的的狩猎、栖息地破碎化

受胁等级： 无危

云中家园

安第斯山脉的一些山峰高耸入云。那里有一种独特的森林——云雾林，林中生活着一些特有的动物和植物。眼镜熊就是其中最大的动物之一。

认识眼镜熊

● 眼镜熊**极其稀有**。野生眼镜熊仅有几千只，非常罕见。

● 眼镜熊又叫安第斯熊，是南美洲**唯一**的熊类。

● 它们很擅长**爬树**，主要吃树叶和水果。

● 因面部有眼镜状的轮廓而被称作"眼镜熊"。不过，并不是所有眼镜熊都有这种白色眼圈。

眼镜熊

学名：*Tremarctos ornatus*

分布：委内瑞拉、哥伦比亚、厄瓜多尔、秘鲁、玻利维亚

受胁等级：易危

扫码看视频

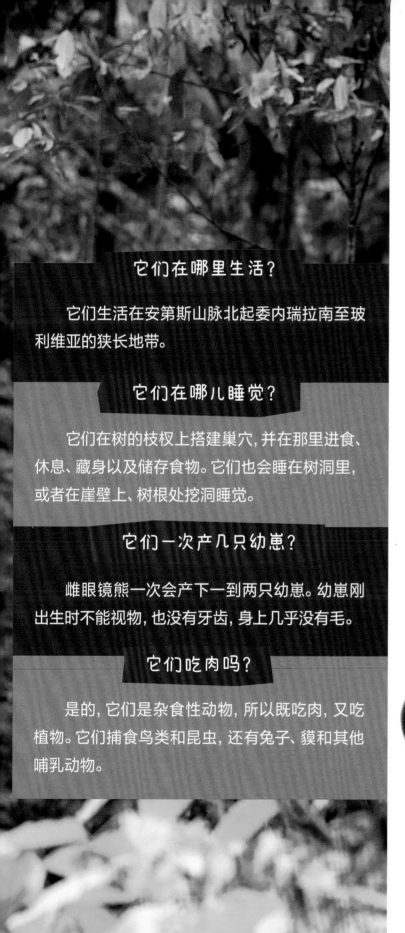

它们在哪里生活？

它们生活在安第斯山脉北起委内瑞拉南至玻利维亚的狭长地带。

它们在哪儿睡觉？

它们在树的枝杈上搭建巢穴，并在那里进食、休息、藏身以及储存食物。它们也会睡在树洞里，或者在崖壁上、树根处挖洞睡觉。

它们一次产几只幼崽？

雌眼镜熊一次会产下一到两只幼崽。幼崽刚出生时不能视物，也没有牙齿，身上几乎没有毛。

它们吃肉吗？

是的，它们是杂食性动物，所以既吃肉，又吃植物。它们捕食鸟类和昆虫，还有兔子、貘和其他哺乳动物。

美味下午茶

与世界各地的其他熊类相比，眼镜熊属于中等体形，这使得它们能够爬到高高的树上，采摘成熟的果实。它们有时会爬到树冠最顶端高达30米的地方。如果树枝太细，无法支撑它们的体重，眼镜熊就会咬断树枝，让枝头的果实垂落到自己够得到的地方。

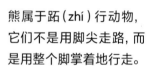

熊属于跖（zhí）行动物，它们不是用脚尖走路，而是用整个脚掌着地行走。

壮观景象

这是位于巴西和阿根廷边界的伊瓜苏大瀑布——200多条瀑布从马蹄形的悬崖上落下，形成了世界上最宽的瀑布。有一种棕灰色的小鸟就在这里的一些瀑布中安家。它们冲过水幕，在后面的岩壁上筑巢。

你知道吗？

● 这种鸟叫**大黑雨燕**，它们用泥土和植物筑造圆盘形的鸟巢。

● 大黑雨燕直冲进**瀑布**里，然后仿佛消失得无影无踪。只要冲破水幕，它们就回到了水幕后面安全的避风港。

● 奔腾的瀑布水流湍急，平均每秒流量可达 **1 756 立方米**，几乎相当于每秒倾倒一个奥运会标准泳池的水量。

凶险之地

　　大黑雨燕雏鸟在瀑布后的鸟巢里出生。在那里长大可不是一件容易的事！有些雏鸟会被汹涌的水流冲出鸟巢，幸存的雏鸟也不得不初次试飞就冒险穿越激流。并不是所有雏鸟都能成功飞出瀑布。

大黑雨燕

学名： *Cypseloides senex*

分布： 玻利维亚、巴西、巴拉圭、阿根廷

受胁等级： 无危

在瀑布后面筑巢是躲避天敌的好办法，但对于大黑雨燕来说的确充满挑战。

扫码看视频

歌舞表演

　　这种色彩明艳的鸟是蓝色的燕尾娇鹟，生活在南美洲的森林里。这几只都是雄鸟，它们聚在一起是为了一个特殊的目的——吸引配偶。它们当中只有一只雄鸟有机会吸引到雌鸟并交配繁殖，其余的则在一旁助威。

只有一只雄鸟能占据主导地位，而其他雄鸟则寄希望于在繁殖季节后期等到交配的机会。

燕尾娇鹟筑造浅浅的杯形鸟巢，并在里面产蛋。这一窝似乎产了两个蛋，孵化出两只嗷嗷待哺的雏鸟。

雌鸟看起来和雄鸟差别很大。

扫码看视频

Chiroxiphia caudata

分布：阿根廷、巴西、巴拉圭

食物：水果

受胁等级：无危

特征：雄性燕尾娇鹟的颜色和雌性截然不同。雄性是亮蓝色的，翅膀、尾巴和头部是黑色的，头顶的一片红色看起来像帽子。而雌性颜色偏暗，羽毛是绿色的，喙和腿是粉色的。

雄鸟如何吸引配偶？

雄鸟会为雌鸟表演，它们精心编排歌舞以吸引雌鸟的注意。雄鸟在树枝上站成一排，并以最快的速度相互交换位置，轮流在雌鸟面前翩翩起舞。

雌鸟如何回应？

雌鸟会先观察，经过一番判断，最终发出信号，决定求偶仪式的成功与否。不是所有表演都足以吸引雌鸟进行交配和繁殖。

大而明艳

这些色彩明艳的鸟是五彩金刚鹦鹉。它们是世界上体形最大的鹦鹉，而且嗓门也特别大。它们在树洞里筑巢，但会一大群一大群地聚集在河岸边。这些鸟啄食河岸岩壁上的黏土，作为饮食的补充。黏土中含有的盐是它们日常食物中缺乏的重要成分。

雄鸟和雌鸟颜色同样艳丽，这在鸟类中并不常见。

喂养雏鸟

金刚鹦鹉以水果、种子和坚果为食。成年金刚鹦鹉将食物带回鸟巢，喂给雏鸟吃。它们还会把黏土带回来，让雏鸟能够汲取骨骼和大脑发育所需的营养。到雏鸟离巢时，成年金刚鹦鹉带回的黏土总量超过 5 千克。

因为远离大海，所以在亚马孙雨林西部很难找到盐。

五彩金刚鹦鹉和其他种
类的鹦鹉，如小金刚鹦
鹉和琉璃金刚鹦鹉，聚
在一处。

扫码看视频

五彩金刚鹦鹉飞行100多千米去舔食黏土。

41

五彩金刚鹦鹉

学名： *Ara macao*

分布： 亚马孙盆地，包括巴西、玻利维亚、秘鲁和哥伦比亚；中美洲

食物： 水果、坚果和种子

天敌： 蛇和猴子（吃鸟蛋），鹰和美洲豹（捕食成年鹦鹉）

受到的威胁： 宠物贸易、栖息地丧失

受胁等级： 无危

金刚鹦鹉的脚特别适合攀爬和抓握。

特征： 五彩金刚鹦鹉比很多种类的金刚鹦鹉体形都要大，体长可达 85 厘米，其中，长长的尾巴就占体长的一半。全身以红色为主，但翅膀和尾巴上有蓝色和黄色的羽毛。眼睛周围的皮肤是白色的，没有羽毛。

动物学家观察发现，金刚鹦鹉似乎是左撇子，用左脚抓握食物！

丰富多彩的金刚鹦鹉

　　现存的金刚鹦鹉种类很多，可能至少有 17 种，生存状况从极危到无危不一，还有一些种类已经灭绝。其中，斯比克斯金刚鹦鹉被认为已经野外灭绝。五彩金刚鹦鹉是亚马孙地区最引人瞩目的鸟类之一，人们经常可以看到它们在树林之中或上空飞来飞去的身影，或者听到它们在林间相互召唤的叫声。

它们如何进食？

它们的喙尖锐有力，可以啄开坚果和尚未成熟的水果。它们的舌头也非常有力，可以戳进果肉或者磨碎口中的食物。

它们独居吗？

不，它们成双成对或者在更大的家族中共同生活。和那些配偶不固定的鸟类不同，它们常年和同一配偶生活在一起。有些金刚鹦鹉夫妻甚至会白头偕老，40多年形影不离。

它们发出怎样的叫声？

它们发出各种各样的叫声，通常都比较吵！它们会发出尖锐刺耳的叫声、粗粝的嘎嘎声，甚至会高声尖叫。它们的叫声可以穿透雨林，1 600米以外都能听见。

为什么它们如此鲜艳多彩？

雨林中到处都是青翠的绿叶、鲜艳的花朵和果实，它们艳丽的羽毛正好融入其中，隐藏自己。

南美洲之困

南美洲因其非凡的多样性而闻名。亚洲所拥有的栖息地类型及地形地貌南美洲几乎都有，而其面积却仅相当于亚洲的五分之二。周游南美大陆，你可以看到热带雨林、山脉、沙漠、草原、盐滩甚至冰川，途经世界上约 40% 的动植物物种的家园。然而令人难过的是，这些物种之中有近30% 正面临生存威胁。

我们必须努力扭转现在的局面，减少人类对地球造成的影响，用积极的方式与地球共存。

● 一位专家在雨林中的一棵树上发现了 1 000 种甲虫。

风险名录

　　世界自然保护联盟（IUCN）《受胁物种红色名录》收录了全球动物、植物和真菌的相关信息，并对每个物种的灭绝风险进行了评估。该名录由数千名专家共同编写，将物种的受胁水平分为七个等级——从无危（没有灭绝风险）到灭绝（最后一个个体已经死亡），名录中的每一个物种都被归入一个等级。

无危　　近危　　易危　　濒危　　极危　　野外灭绝　　灭绝

● 南美洲是世界上动植物物种最丰富的地区。然而，**日渐增长的人口**占据了越来越多的空间，使动物的生存空间不断缩小。

● 草原、湿地、雨林和水下区域动物**栖息地丧失**的风险很高。致使动物栖息地丧失的是人类活动，比如农业、伐木、建筑和采矿。

● 很多野生动物被当作奇珍异兽运往异国他乡，成为人类的**宠物**。诸如猴子、蜥蜴、鸟类、乌龟、鱼类，甚至凯门鳄和美洲豹等动物都被带离家园，运往其他国家。

● 因为鸟类繁多，南美洲被戏称为"鸟洲"。

● 亚马孙河豚生活在流经南美洲北部国家的亚马孙河和奥里诺科河，在《受胁物种红色名录》中被列为**濒危**动物。

● 它们也被称为亚河豚，生活在淡水水域，受到水坝和水污染带来的威胁。

● 雄性亚马孙河豚可呈粉色。雌性和雄性都有**隆起的**前额，喙**细长**，内有**成排**的牙齿。亚马孙河豚用喙在泥土中翻找鱼和甲壳类动物。

动物危机

南美洲是很多物种的家园，其中不少都是标志性的物种，但有不少正面临生存危机。海牛、猴子、鳄鱼、水獭、蛙、熊、蝙蝠、野猫、犰狳和食蚁兽的家园都遭到了破坏，它们的数量正在急剧减少。

巨獭生活在南美洲各地的湖泊、河流和沼泽地，因为其毛皮的价值而遭到捕杀，几近灭绝。

低地貘分布范围很广，涵盖了南美洲大部分的热带地区。近年来，由于栖息地的丧失，低地貘种群数量显著减少，被列入易危级别。

奥里诺科鳄生活在哥伦比亚和委内瑞拉，由于肉和牙齿非常珍贵而遭捕杀，目前已属于极危级别。

名词解释

黏土　含沙粒很少、有黏性的土壤。养分较丰富，但通气透水性差。

热带雨林　在热带地区分布的、由高大常绿树种组成的森林类型。

湿地　濒临江、河、湖、海或位于内陆，并长期受水浸泡的洼地、沼泽和滩涂的统称。

伪装　生物在颜色、形状、形态、动作上模仿其他物体，从而迷惑或引诱对手、隐蔽自己。

腺　生物体内能分泌某些化学物质的组织。

跖行　跖指脚掌，是人和少数动物站立时着地的部分。跖行是指利用前肢的腕、掌、指或后肢的跗（音 fū，指脚背）、跖、趾全部着地行走的方式。

中美洲　指墨西哥以南、哥伦比亚以北的美洲中部地区。从地理位置上看，中美洲是北美洲的一部分。